ESPACIO INCREÍBLE

LAS GALAXIAS

POR MATT LILLEY

CREATIVE EDUCATION • CREATIVE PAPERBACKS

Publicado por Creative Education y Creative Paperbacks
P.O. Box 227, Mankato, Minnesota 56002
Creative Education y Creative Paperbacks
son sellos de The Creative Company
www.thecreativecompany.us

Diseño de The Design Lab
Dirección artística de Graham Morgan
Editado por Joe Tischler y Ana Brauer

Fotografías de Getty Images/NASA, ESA, CSA y STScI, 21; Unsplash/Thomas Ciszewski, 18; Wikimedia Commons/Adam Evans, 6, Adriana Manrique Gutierrez, NASA Animator, 22, Ansiaux, 16, ESA/Hubble, NASA Y. Choi (NOIRLab), K. Gilbert (Space Telescope Science Institute), J. Dalcanton (Flatiron Institute y Universidad de Washington), 8, Johan Hagemeyer, 12, Ken Crawford, 5, NASA, 13, NASA, ESA, y el equipo de Campos Fronterizos del HST (STScI), 17, NASA, ESA, y el equipo Hubble Heritage (STScI/AURA), portada, 1, 7, NASA, ESA, y el equipo Hubble Heritage (STScI/AURA)-ESA/Hubble Collaboration, 9, 10, NASA, ESA, el equipo Hubble Heritage (STScI/AURA), y R. Gendler (por el Hubble Heritage Team), 14, NASA/JPL-Caltech, 2

Library of Congress Cataloging-in-Publication Data
Names: Lilley, Matt, author.
Title: Las galaxias / Matt Lilley.
Other titles: Galaxies. Spanish
Description: Mankato, Minnesota : Creative Education and Creative Paperbacks, [2025] | Series: Espacio increíble | Includes index. | Audience: Ages 6–9 | Audience: Grades 2–3 | Summary: "Learn about galaxies, how they form, and where they are. Translated into North American Spanish, this astronomy title for elementary-aged kids includes captions, on-page definitions, a space science feature, and an index"— Provided by publisher.
Identifiers: LCCN 2024022751 (print) | LCCN 2024022752 (ebook) | ISBN 9798889895381 (library binding) | ISBN 9781682777312 (paperback) | ISBN 9798889895466 (ebook)
Subjects: LCSH: Galaxies—Juvenile literature.
Classification: LCC QB857.3 .L5518 2025 (print) | LCC QB857.3 (ebook) | DDC 523.1/12—dc23 eng/20240617
LC record available at https://lccn.loc.gov/2024022751
LC ebook record available at https://lccn.loc.gov/2024022752

Impreso en China

Índice

La gravedad de un agujero negro es lo suficientemente fuerte como para atrapar la luz.

Las galaxias son cúmulos de estrellas y planetas. Tienen nubes de polvo y gas. La **gravedad** las mantiene unidas. La mayoría de las galaxias tienen un agujero negro en el centro. Las galaxias están repartidas por todo el **universo**.

gravedad la fuerza natural que hace que las cosas físicas se muevan unas hacia otras

universo todo lo que existe a través del espacio y el tiempo

La galaxia más lejana conocida se encuentra a 13.500 millones de años luz.

La Tierra está en la galaxia Vía Láctea. La siguiente gran galaxia más cercana es Andrómeda. Se encuentra a 2,5 millones de años luz. Pero se está acercando. Algún día, Andrómeda y la Vía Láctea colisionarán. Formarán una nueva galaxia más grande.

colisionar cuando dos o más cosas chocan entre sí

La Vía Láctea forma parte de un grupo de galaxias que se llama el Grupo Local.

Las galaxias tienen formas diferentes. La mayoría de las galaxias conocidas son espirales. Algunas galaxias son elípticas, como un balón de fútbol americano. Las galaxias espirales pueden chocar y convertirse en elípticas. Las galaxias que no son espirales ni elípticas se llaman **irregulares**.

irregular una forma con lados y ángulos que no son todos iguales

La gravedad de una galaxia puede torcer el camino de la luz.

Las galaxias también están formadas por **materia** oscura. No podemos ver la materia oscura. Los científicos no saben de qué está hecha. Saben que está ahí porque pueden medir su gravedad.

materia algo físico que ocupa espacio

LAS GALAXIAS

Desde la Tierra, dos estrellas pueden parecer cercanas. Pero una podría estar mucho más lejos. El astrónomo Edwin Hubble descubrió cómo medir la distancia de algunas estrellas. Esto nos ayuda a saber lo grande que es el universo.

En 1990, se lanzó el telescopio espacial Hubble. Explora el espacio profundo y envía imágenes a la Tierra.

En 1757, Charles Messier buscaba un cometa. Encontró una zona borrosa en el cielo. Parecía un cometa. Lo observó durante varias noches. Como no se movía, supo que no era un cometa.

La cola de un cometa está formada por gas y polvo. Hace que el cometa tenga un aspecto borroso en el cielo.

Messier era astrónomo. Quería ayudar a otros astrónomos a evitar su error. Trazó un mapa de los lugares borrosos del cielo que no se movían. Así los astrónomos sabrían que no eran cometas. Muchos de los puntos borrosos de Messier resultaron ser galaxias.

Hay 110 objetos Messier borrosos en el cielo. Cuarenta de ellos son galaxias.

La Vía Láctea tiene unos 100 billones de estrellas. Muchas de estas estrellas tienen uno o más planetas. Con tantos planetas, es muy probable que algunos sean como la Tierra.

En todo el universo puede haber dos billones de galaxias.

Las galaxias son donde nacen las estrellas. Incluso en la Vía Láctea se siguen formando nuevas estrellas. Los planetas se forman alrededor de las estrellas. Aprender sobre las galaxias nos ayuda a comprender el universo. Nos ayuda a comprender la historia del sistema solar.

Las galaxias espirales giran como molinetes.

El espacio en el foco: Ver el pasado

La luz tarda tiempo en viajar por el espacio. Si una estrella está a un año luz de distancia, la luz de esa estrella tarda un año en llegar a la Tierra. Cuando miras al espacio profundo, estás mirando hacia atrás en el tiempo. *El telescopio espacial James Webb* de la NASA puede mirar muy lejos. Puede ver galaxias a más de 13 billones de años luz. Eso está muy cerca de cuando comenzó el universo.

Índice